人民交通出版社股份有限公司
China Communications Press Co.,Ltd.

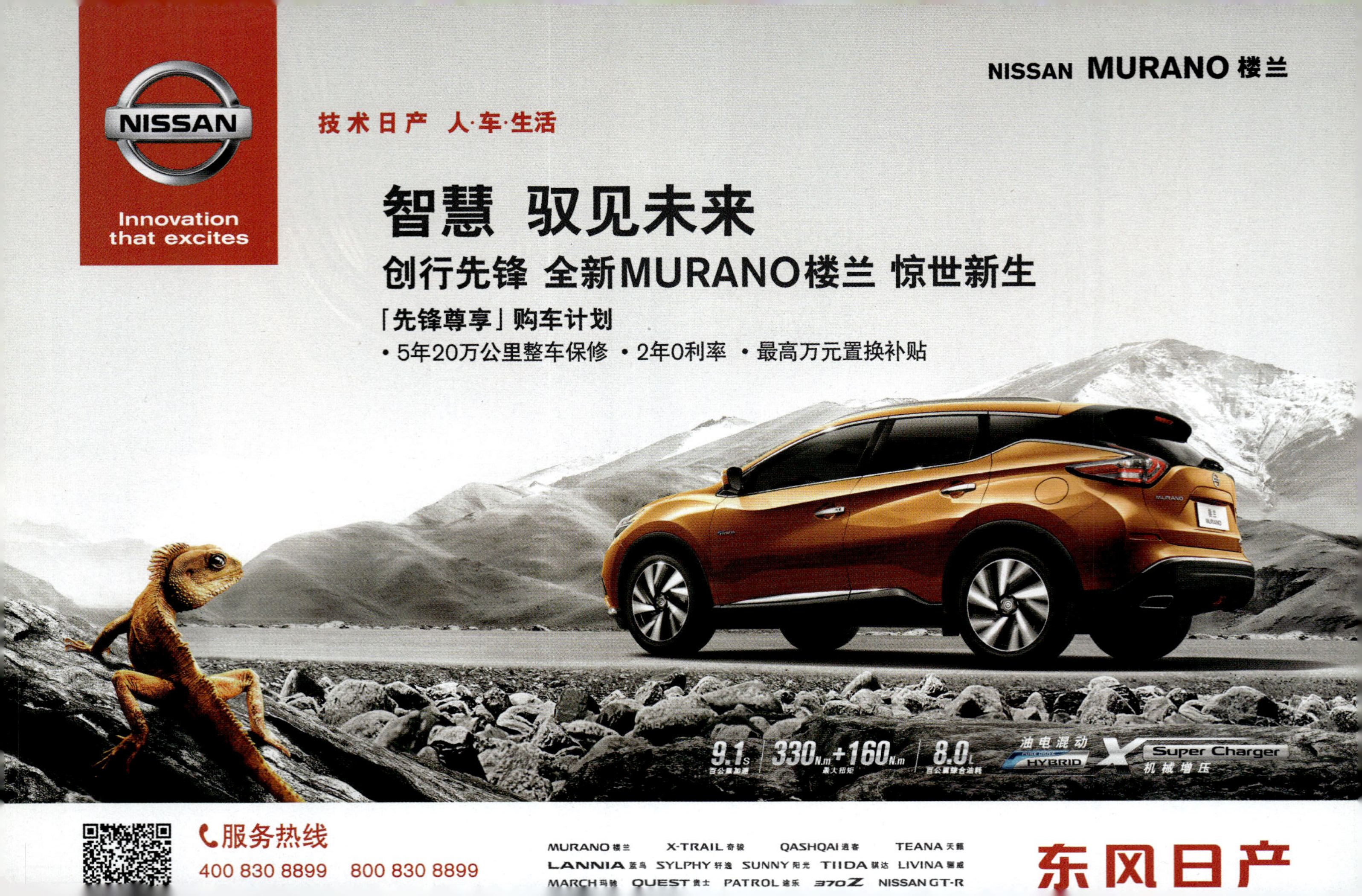
NISSAN
Innovation that excites
技术日产 人·车·生活
NISSAN MURANO 楼兰
智慧 驭见未来
创行先锋 全新MURANO楼兰 惊世新生
「先锋尊享」购车计划
• 5年20万公里整车保修 • 2年0利率 • 最高万元置换补贴
9.1s 330N.m+160N.m 8.0L
油电混动 HYBRID
Super Charger 机械增压
服务热线
400 830 8899 800 830 8899
MURANO 楼兰 X-TRAIL 奇骏 QASHQAI 逍客 TEANA 天籁
LANNIA 蓝鸟 SYLPHY 轩逸 SUNNY 阳光 TIIDA 骐达 LIVINA 骊威
MARCH 玛驰 QUEST 贵士 PATROL 途乐 370Z NISSAN GT-R
东风日产

道路交通安全行系列丛书

你好驾驶人

新驾驶人篇

公安部道路交通安全研究中心　编

人民交通出版社股份有限公司
China Communications Press Co.,Ltd.

内 容 提 要

本书是为提高驾驶人驾驶素质而编写的道路交通安全行系列丛书中的一本。全书借助网络微博的形式，通过阿娇、小童、老安、大权这些网络人物在微博当中对交通事件的交流，解读那些新驾驶人极易忽视的安全驾驶知识。本书符合年轻读者的阅读习惯，可以推荐给驾校学员、刚拿到驾驶证的实习期驾驶人和拿了证多年但依然很少开车的“老司机”学习参考。

图书在版编目（CIP）数据

你好驾驶人.新驾驶人篇/ 公安部道路交通安全研究中心编. — 北京 : 人民交通出版社股份有限公司, 2015.11

（道路交通安全行系列丛书）

ISBN 978-7-114-12643-7

Ⅰ.①你… Ⅱ.①公… Ⅲ.①汽车驾驶—基本知识 Ⅳ.①U471.1

中国版本图书馆CIP数据核字(2015)第271481号

许可证号：京朝工商广字第8195号（1-1）

书　　名：你好驾驶人（新驾驶人篇）
著 作 者：公安部道路交通安全研究中心
策划编辑：李　洁　曹仁磊
责任编辑：范　坤　闫　亮
装帧设计：金　梦　王　娟
插图设计：周　亮
出版发行：人民交通出版社股份有限公司
地　　址：(100011)北京市朝阳区安定门外外馆斜街3号
网　　址：http://www.ccpress.com.cn
销售电话：(010)65290003,65290010
总 经 销：人民交通出版社股份有限公司发行部
经　　销：各地新华书店
印　　刷：北京盛通印刷股份有限公司
开　　本：880×1230　1/32
印　　张：1.5
字　　数：30千
版　　次：2015年11月 第1版
印　　次：2015年11月 第2次印刷
书　　号：ISBN 978-7-114-12643-7
定　　价：12.00元

道路交通安全行系列丛书

《你好驾驶人（新驾驶人篇）》

编写委员会

目录 MULU

人物介绍

上个星期刚取得驾驶证，各个科目都是压线险过，中度路痴，性格泼辣，自拍控。

同样刚领取了机动车驾驶证，驾校优秀学员，熟读《道路交通安全法》，仍旧不敢上路，性格直爽，有一说一。

汽车工程专业毕业，深谙机动车机械运行之道，极品飞车资深玩家，25年驾龄老司机，爱汽车、爱驾驶、爱折腾。

122交通网编辑，幽默风趣，段子、故事一箩筐，段子故事开头语：“我有一朋友……”

开车上路前

阿娇

今天风和日丽，白云朵朵。爱车是新的，驾驶证是新的，驾驶人，呵呵，当然也是新的。新手上路，我怎么感觉有些紧张和害怕呢？求各位大神指导。**@小童@老安@大权@交通安全微发布**

今天 09:30 来自 手机客户端

收藏 | 转发322 | **评论143** | 67

同时转发到我的微博　评论

全部 | 热门 | 认证用户 | 关注的人　　共470条

小童：弱弱的问一句，贴实习标志了吗？

45分钟前　　回复 | 2

老安：**@小童** 同学问的及时啊，按照规定：机动车驾驶人初次申领机动车驾驶证后的12个月为实习期，在实习期内驾驶机动车的，应当在车身后部粘贴统一式样的实习标志，若没有张贴，交警将给予警告或处以200元罚款的处罚。

40分钟前　　回复 | 6

大权：粘贴实习标志的作用主要是提示后车："新手上路，请多关照"。其他车辆对于粘贴实习标志的车辆也会多些包容和礼让。

38分钟前　　回复 | 7

交通安全微发布V：最需要注意的是：一定要守法文明驾驶。《机动车驾驶证申领和使用规定》中规定：机动车驾驶人在实习期内有记满12分记录的，注销其实习的准驾车型驾驶资格，持有大型客车、牵引车、城市公交车、中型客车、大型货车驾驶证的驾驶人在一年实习期内记6分以上但未达到12分的，实习期延长一年。

35分钟前　　回复 | 17

老安：新手上路感觉紧张害怕是正常现象，有的新驾驶人刚开始上路还会出现急躁、自卑、虚荣等心理，只要慢慢调整这种现象逐渐就会消失的。下面就给大家介绍几招克服紧张心理的小窍门。

1.要敢于挑战自己，不能拿完驾照就"雪藏"起来。

2.要熟悉出行线路，对出行线路的了解，也能缓解开车的紧张心理。

3.要强化对距离感的培养，多给自己留余地，一味避让也有危险。

4.要降低车速，培养耐心，十次车祸九次快，开慢车才安全。

5.可以找有驾驶经验的亲友陪伴，去人少车少的偏僻路段多多锻炼，培养信心。

32分钟前　　回复 | 11

小童

我最近几次开车上路，遇见了很多问题。首先是心理上不适应，后面车超越自己，呼啸而过，路过十字路口、立交桥等路段的时候，心里都会很紧张。倒车倒不进，开车开不出。好烦恼！

今天13:00 来自 手机客户端

收藏 | 转发296 | **评论154** | 52

同时转发到我的微博　　评论

全部 | 热门 | 认证用户 | 关注的人　　共431条

大权：论坛里的好多网友也反映有类似的问题。我把这种情况总结为“过渡时期综合症”，这里的过渡时期是说由封闭场地训练到开放的实际道路的过渡。

40分钟前　　回复 |

阿娇：原来如此，看来我也是重度患者。

34分钟前　　回复 | 4

老安：具体如何做到过渡时期的平安顺畅驾驶，下面就给大家唠叨唠叨。

1.勤加练习。为了尽快适应实际道路驾驶，可以让开车技术和口头表达能力较好的亲戚朋友来陪自己练车，这样练习的气氛比较轻松。

2.练习内容。结合自己的实际情况，选择自己认为应当进一步练习或提高的项目，大家可以对照以下内容，制定自己的练习项目表。

1）熟悉车上的各类操作机件以及仪表、开关按钮的使用。

2）倒车、进出车位、坡道起步、换挡的操作。

3）后视镜、转向、制动和各类灯光信号的使用。

4）跟车距离、变更车道、超车、会车的体验。

5）通过立交桥、有信号灯的平面交叉路口。

6）通过繁华路段、狭窄路段、凹凸不平路面的驾驶。

7）急弯路驾驶、夜间驾驶、高速公路或城市快速路驾驶。

3.多学多看。要时常重温在驾校所学的操作要领和规范，并在日常生活中注意他人的驾车动作以及各种道路交通状况的处理方法，不断把这些知识融会到自己的车辆驾驶技术当中，以便巩固提高自己的驾驶技能。

4.积累经验。要多与有驾驶经验的人进行交流，结合自己的驾车体验，总结和积累驾驶经验，还可以通过收看收听交通专业电视（广播），关注@交通安全微发布微博，来不断丰富自己的驾驶经验和阅历。

25分钟前　　回复 | 17

第一篇

新驾驶人要了解的大数据

老安

本书将献给那些新驾驶人，这里所说的新驾驶人是指初次申领机动车驾驶证12个月内的实习期驾驶人群体。如果你是一名拿了驾驶证多年却依然没有摸过车的“老司机”，那么本书也值得您一读。先来看一组或许你们不喜欢看的权威数据：@交通安全微发布

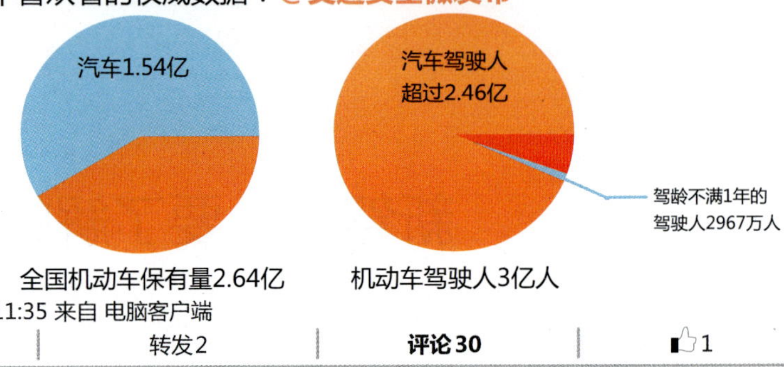

今天 11:35 来自 电脑客户端

收藏 | 转发2 | **评论30** | 1

同时转发到我的微博　评论

全部 | 热门 | 认证用户 | 关注的人　共523条

阿娇：确实不大喜欢看数字，一看数字就头晕。

半小时前　回复 | 21

小童：大数据时代啦，通过对数据的广泛采集及系统分析，找出社会各个方面的进步和存在的问题，来解决我们生活中的矛盾和困惑。基于以上数据，先来看看@交通安全微发布 的权威分析。

25分钟前　回复 | 79

交通安全微发布：2012 年至 2014 年全国驾龄在 1 年以下的驾驶人发生道路交通事故数据统计与总数对比图。

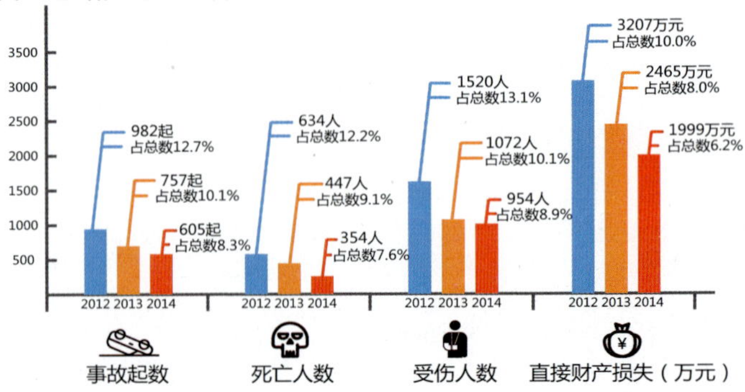

现在为大家解释一下以上的数字：一看增长。随着私家车数量的快速增长，新驾驶人的数量每年以10%的速度递增。这个增长的速度在全世界都是很惊人的。二看交通事故比重。据统计，新驾驶人肇事致人死亡的数量占当年交通事故致人死亡总数的15.37%。这些数字颜色应该是红色，他们代表的意义应该是生命！安全！教训！

20分钟前 回复 | 510

老安：@阿娇@小童是不是有所启发，有所触动。刚领取驾照的新驾驶人是交通事故的高发人群，也是易受交通事故伤害的高危人群。为了你和他人的安全，继续认真看数据吧。

18分钟前 回复 | 9

交通安全微发布

2012年至2014年全国驾龄在1年以下的驾驶人在高速公路上发生道路交通事故的数据。

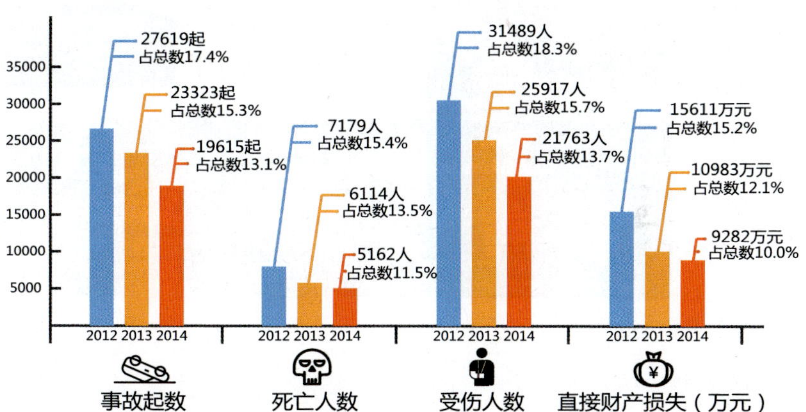

今天 11:43来自 手机客户端

收藏 | 转发721 | **评论510** | 1125

同时转发到我的微博 评论

全部 | 热门 | 认证用户 | 关注的人 共510条

交通安全微发布V：在高速公路上新增驾驶人违法造成交通事故死亡的情况也是非常突出的。新驾驶人实习期在高速公路上驾驶很容易发生交通事故，主要原因是新驾驶人驾驶技术不熟练，驾驶心理素质较差，驾驶经验不足。公安部《机动车驾驶证申领和使用规定》中明确规定：驾驶人在实习期内在高速公路上行驶，应当持有相应或者更高准驾车型驾驶证三年以上的驾驶人陪同。

10分钟前　　回复 | 54

大权：各位新驾驶人，您可知道哪些道路交通违法行为最容易在新驾驶人身上发生并且最容易引发道路交通事故呢？下面咱们就说说五个重点违法行为的那些事。另外还给大家送上安全驾驶的独家秘笈，相信你通过此书一定会学习到不少安全驾驶技能。

转发：@交通安全微发布 2012年至2014年全国道路交通事故统计分析中，新驾驶人在道路上发生交通事故的主要违法行为是：超速行驶、未按规定让行、违法占道行驶、逆向行驶、酒后驾驶。

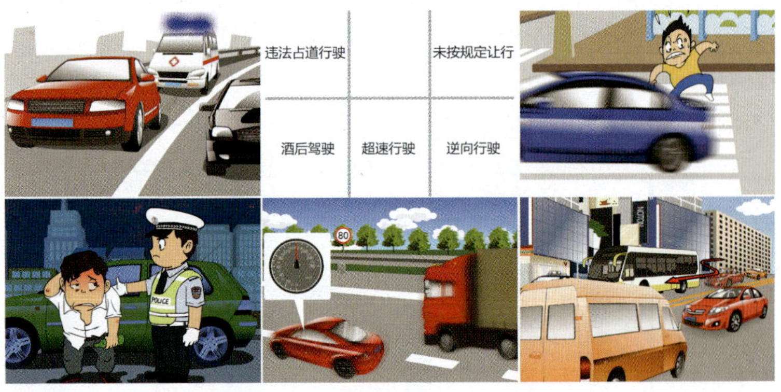

4分钟前　　回复 | 12

第二篇

“让”出平安，“抢”出祸端

❷

未按规定让行

大权

在2013年和2014年两年里未按规定让行引发的交通事故都排在居高的位置，会车不让、争道抢行、见缝就钻等不遵守交通法规的驾驶行为屡禁不止，因此引发的交通事故也是屡见不鲜，必须加以重视。**@阿娇@小童@老安**

【别再抢了！“未按规定让行”成马路“第一杀手”！】转弯车不让直行车、调头车不让正常行驶车、通过斑马线时不让行人……“未按规定让行”已成为导致死亡事故高发的最主要原因。扫码看动图。

今天8:20来自 手机客户端

收藏 | 转发324 | **评论80** | 28

同时转发到我的微博　评论

全部 | 热门 | 认证用户 | 关注的人　　共80条

阿娇：未按规定让行的人太多了，天天都能碰上，每次开车上路都提心吊胆的。

43分钟前　　回复 |  9

小童：交通法规不守，偏走旁门左道，难道他们就是传说中在厨师技校学的开车？

42分钟前　　回复 | 11

老安：未按规定让行是指机动车驾驶人在驾驶机动车时未履行法定安全避让义务的违法行为。我国道路交通法律法规对机动车道路通行规则有明确的规定，可总有些人抱着侥幸心理以身试法。相较于超速、酒驾、闯红灯，大家对于未按规定让行的重视程度远远不够，更有甚者压根不清楚怎么“让”、如何“行”，对行车道德的漠视引发了行车悲剧。

40分钟前　　回复 | 122

大权

未按规定礼让，急于超车，结果车毁人亡！

昨日中午时分，在某城市道路上一辆由东向西行驶的轿车在未看清前方路况的情况下借道超车，因避让不及，与一辆对面正常驶来的摩托车迎面碰撞。事故造成摩托车上两名驾乘人员一人当场死亡，一人重伤，两车严重损毁。

今天13:16 来自 手机客户端

收藏 | 转发 277 | **评论180** | 31

同时转发到我的微博　评论

全部 | 热门 | 认证用户 | 关注的人　共5213条

阿娇：太吓人了！超车不是你想超就能超的。

34分钟前　回复 | 17

小童：在道路上开车，违法变道就是玩命，既使是合法的变道超车也必须要小心谨慎。超车不是有能耐，礼让也不是吃亏。礼让放在先，安全大于天。

32分钟前　回复 | 5

老安：普通道路不同于赛车场，开车不以快慢论英雄，安全不出事才是硬道理。常见的超车未让行主要有以下几种情况：

1.在可以左转弯的地点，超越前方同车道正在左转弯的机动车

2.在可以掉头的地点，超越前方同车道正在掉头的机动车

3.超越前方正在超车的机动车

4.与对面驶来的机动车有会车可能时超车

5.后方车辆准备超车时，前车拒绝让行

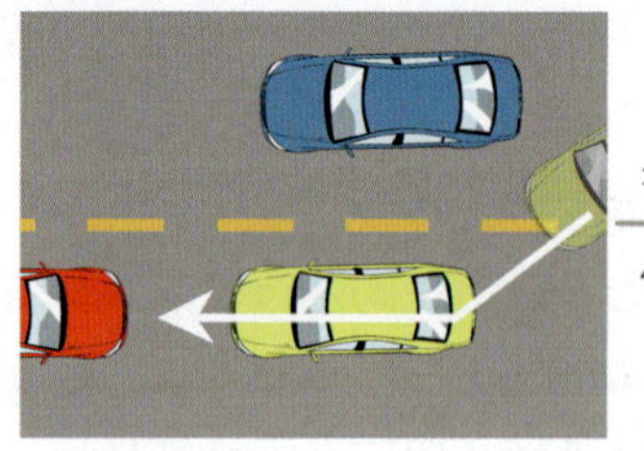

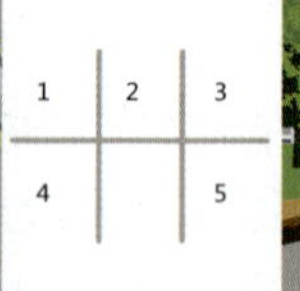

20分钟前 回复 | 5

大权

驾驶人闯红灯、违规变道，还被电子警察拍下来了，却没有被罚款扣分，这是怎么个情况？详情请扫码。@阿娇@小童@老安

今天10:22 来自 手机客户端

收藏 | 转发430 | **评论181** | 2

同时转发到我的微博 评论

全部 | 热门 | 认证用户 | 关注的人 共223条

阿娇：事出有因，警察叔叔不会怪罪的。满满的正能量啊，已转发。

18分钟前 回复 | 17

小童：必须点个赞！看到这个不禁让我想起来一件往事：2012年，北京一名车祸重伤者因道路被堵，距医院3km的路程，却花费了40分钟的时间，最终去世。

16分钟前 回复 | 4

老安：救护车、警车、消防车、工程救险车都属于道路上的特殊车辆，当它们执行紧急任务时，可以使用警报器、标志灯具，在确保安全的前提下，不受行驶路线、行驶方向、行驶速度和信号灯的限制，其他车辆和行人应当让行。这些执行紧急任务的特殊车辆都是在维护公共利益，私家车不要干涉它们的“自由”，你挡住了它们的路，也许就堵住了别人的“生命通道”。

如果有证据能够证明因为给特殊车辆让道、救助危难或者紧急避险出现闯红灯、压实线等交通违法行为，可以免受处罚。交管部门会根据路口监控视频或电子警察抓拍到的情况综合判断，不会简单地实施处罚。本例中私家车为救护车让道的举动值得表扬，希望更多人向这位司机朋友学习。最后，让我们扫上面的二维码看下德国人是如何避让救护车的。

10分钟前　　回复 | 4

大权

我有一朋友提出一个问题，看看你们谁能替他解答？**@阿娇@小童@老安**我驾车通过路口由北向南等红灯，我是头车，当绿灯亮时，我起步行驶到路口中心，因为东西方向车辆行驶缓慢，一辆由西向东的“桑塔纳”直冲到了我车的右侧，撞到我的车，警察说我是路口内抢行，我负全责。事情虽然已经过去了，但至今我也不明白，我是绿灯进的路口，明明是他撞了我，怎么会是我抢行呢？

今天 15：17 来自电脑客户端

收藏 | 转发436 | **评论127** | 42

同时转发到我的微博

评论

全部 | 热门 | 认证用户 | 关注的人 共4213条

阿娇：我也不是很明白，跪求高人指点。

19分钟前 回复 | 32

小童：楼上这位，我真为你的智商着急，不用高人我就可以“指点”你。东西向虽是红灯，但"桑塔纳"是上个绿灯驶入路口的，由于车辆积压在路口内没有通过。在这种情况下，虽然由北向南绿灯亮起，但也应该等上一个信号周期路口内的车辆通过后，你才能通行。交警说你“抢行”的依据是《中华人民共和国道路交通安全法实施条例》第五十三条第一款，“当机动车遇有前方交叉路口交通阻塞时，应当依次停在路口以外等候，不得进入路口”。

12分钟前 回复 | 44

老安：@小童解答得非常好，这是最常见的未按规定让行的行为之一。下面几种情况也是容易被人忽略却经常发生的未按规定让行，一定要谨记。通过有交通信号灯控制的路口：

1.遇红灯亮时，右转弯车辆未让被放行的车辆先行。

2.遇绿灯亮时，转弯车辆未让被放行的直行车辆先行。

通过没有交通信号灯控制也没有交通警察指挥的路口：

3.有交通标志、标线控制的，未让优先通行的一方先行；没有交通标志、标线控制的，未让右方道路的来车先行。

4.转弯的车辆未让直行的车辆先行。

5.相对方向行驶的右转弯车未让左转弯车先行。

1	2	3-1
3-2	4	5

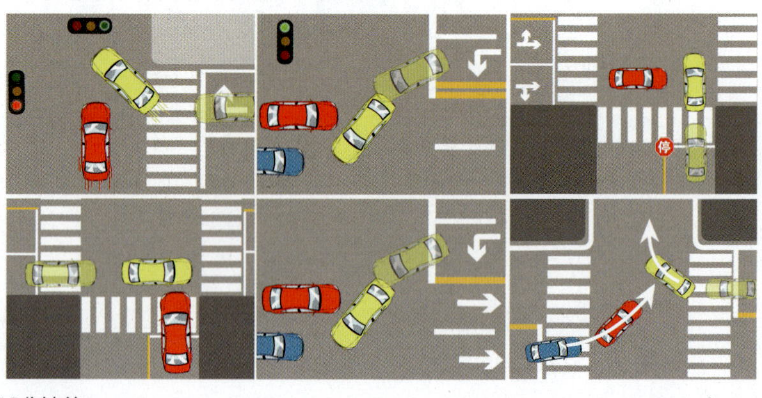

10分钟前 回复 | 41

大权

俗话说“狭路相逢勇者胜”，驾驶员在行车时“信奉”这句话，那就要捅娄子了。**@阿娇@小童@老安**

【“奔驰”狭路相逢“宝马”互不相让致撞车】前两天在南京江宁，上演了一出真实版的“狭路相逢”。“对决”的双方是“奔驰”和“宝马”。在只能容一辆车通行的小桥上，两车互不相让，还按着喇叭向对方逼近，妄图逼迫对方让自己。结果一个不慎，两车来了个“亲密接触”。

今天 09：36 来自电脑客户端

收藏 | 转发278 | **评论63** | 54

同时转发到我的微博　评论

全部 | 热门 | 认证用户 | 关注的人　共3245条

阿娇：有钱就是任性！土豪，我们做朋友吧！

8分钟前　回复 | 11

小童：楼上这位太物质了，有钱有什么了不起的，最看不惯这种金玉在外、败絮其中的人，一点礼让意识都没有。

6分钟前　回复 | 23

老安：“奔驰”和“宝马”的行为都不可取。拥有豪车并不代表享有了道路优先通行权，文明礼让体现的是一个人的道德素质，不是用金钱可以衡量的。下面是一些特殊路段的礼让，为了道路通畅，为了您和他人的安全，务必要认真学习。

1.会车时有障碍的一方须让无障碍的一方先行；有障碍的一方已驶入障碍路段，无障碍一方未驶入时，无障碍一方要让有障碍的一方先行。

2.隧道内路幅窄，光线条件与外界有差异，行车需格外小心，禁止超车，而且隧道相对封闭，只有前后两个出口，一旦发生交通事故，救援难度大，若是危化品运输车在隧道内发生意外，后果会更加严重。

3.过弯道切记减速慢行，严禁超车。超车意味着要加快速度，过弯时速度越快，所受离心力越大，易导致轮胎抓地力不足，引发侧翻。而且过弯道时视距有限，此时盲目借道超车，若遇到对向来车或障碍物，极有可能迎面相撞。

1	2	3
4-1	4-2	5

4.在狭窄的坡路上会车时，下坡车让上坡车先行，因为上坡车是更加“费力”的一方，若是上坡途中停车让行，车辆性能差的或是新手驾车可能出现起步困难甚至溜车；若下坡车已行至中途而上坡车未上坡时，上坡车让下坡车先行。

5.在狭窄的山路上会车时，靠山体的一方让不靠山体的一方先行。靠近山体就远离了山崖，不管是位置还是驾驶人心理都处优势，不靠近山体一方相对处于难处理一方，享有优先通行权。

2分钟前

回复 | 11

大权

行人的生命权VS机动车的路权……**@阿娇@小童@老安**

【眼看就要撞上了 司机只狂按喇叭却不减速】一位大妈推着只有十个月大的孙子过斑马线时，一辆车飞驰而来，不见减速，只是狂按喇叭。结果大妈被撞倒在路边，孙子被撞到对向车道，经抢救无效死亡。

今天 13：38 来自电脑客户端

收藏 | 转发310 | **评论510** | 7

同时转发到我的微博　评论

全部 | 热门 | 认证用户 | 关注的人　　共4553条

阿娇：太悲惨了，不忍直视。

6分钟前

回复 | 12

小童：有的驾驶人觉得路就是为汽车而修的，我开车，我最强。认为行人和非机动车都应该让我，完全不顾行人和非机动车的安全。

5分钟前　　回复 | 3

老安：是的，我这里又有一个二维码，不扫不知道，一扫吓一跳，原来真的有那么多的机动车不礼让行人。 这是病，得治啊！**@交通安全微发布**

2分钟前　　回复 |

交通安全微发布V：机动车斑马线前不礼让行人的现象屡见不鲜，常见到机动车行至斑马线前，驾驶人鸣笛抢行，鸣笛不起作用还恶语伤人，如同吃了火药暴躁不安，行人的平安出行正遭受着严峻的挑战。让我们来看看国外的情况：

在美国，很多十字路口前都立有一个红底白字的“STOP（停止）”指示牌，地上画一条白线，机动车行至路口前都要停一下，确认行人安全通过后方可继续前行。加利福尼亚州规定，遇到“停止”标志，机动车必须在白线后停留3秒才能通过。

在德国人看来，解决现代交通中的利益冲突，首要的是要考虑弱势交通参与者的交通利益。德国规定，当行人正在或将要穿越斑马线时，机动车要停驶或低速行驶，等待行人过去；机动车要拐弯时，如果车辆和行人都是绿灯，一定要让行人先过。

加拿大规定，在行人及机动车都可以通行的道路，机动车应该让行人，在路口，只要行人迈下了人行道的台阶，机动车就要让行人先过。

在澳大利亚的整个交规体系中，路权分配的核心原则是“行人优先、非机动车次之、机动车再次之”，行人享有优先通行权。

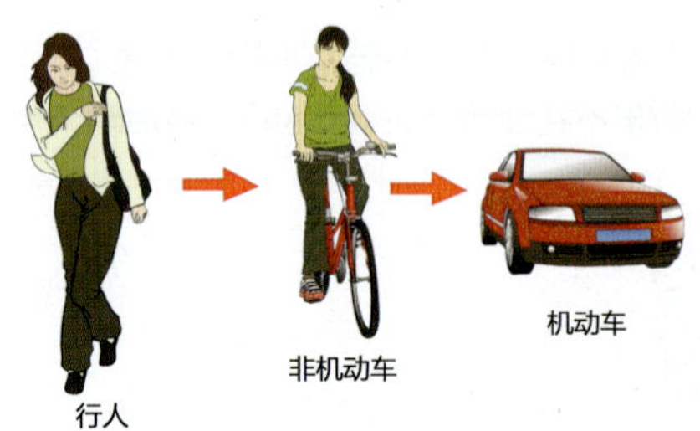

优先通行权级别

其实，我国现有交通法规也明确了行人的优先通行权。在没有交通信号灯、交通标志、交通标线或者交通警察指挥的交叉路口，机动车应减速慢行，并让行人优先通过。人行横道是引导行人过马路的安全道，机动车行经人行横道时，应减速行驶，如遇行人正在通过人行横道，更应停车让行。

作为道路交通参与者中的弱势群体，行人的生命权要比机动车的路权更重要。为了保障你和行人的出行安全，营造文明有序的道路交通环境，请你礼让行人！

刚刚　　　　回复 | 31

知识链接

新驾驶人如何让超车

新驾驶人在实习期驾驶车辆上路行驶，礼让是保护自己安全的重要法则。下面说说当发现别人要超你的车时，如何让超车。

让同方向行驶的后面车辆超越的过程称为让超车。要做到让车、让路、让速。

让车，行车中随时观察后面有无准备超越的车辆，当发现有尾随车发出超车信号时，应慢行示意。切记：让车时犹豫不决，是造成事故的最大隐患。

让路，根据道路情况来定，有条件的路况应开右转向灯，靠右行驶。但必须在保证自己安全行驶的前提下，及时准确选择行车道让后车超越。如遇上路窄、前方有障碍物、交通状况复杂等情况，不能盲目让路，减速行驶即可。

让速，让超车让速是关键，只让路不让速，存在安全隐患。只有安全礼让主动减速，给对方超车创造条件，才能确保大家的安全无事故。

第三篇

勿以快慢论英雄，安全行车最光荣

❸

超速行驶

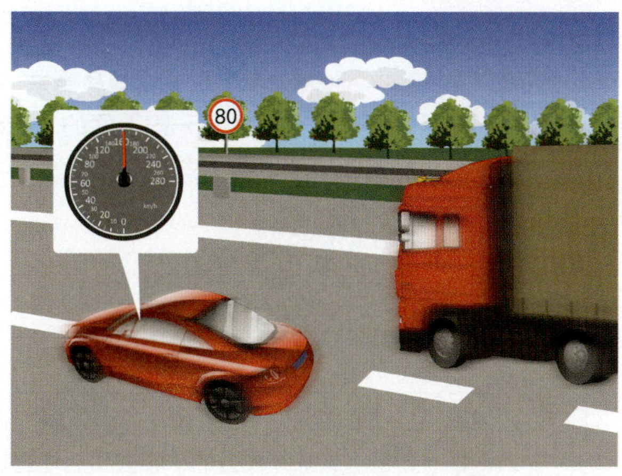

大权

今早看到这条新闻我是真心醉了。这年头奇葩怎么这么多，炫富、炫颜值还说得过去。亲，你晒超速，警察叔叔表示，谢谢你提供的视频证据。@阿娇@小童@老安

【上海：男子炫耀超速视频 交警核实吊销驾照】高速公路飙车，随意变道超车。近日，朱某自己把这些行车记录，一共32段视频，传到视频网站。本想炫耀一下“车技”，没想到，引来警方关注，最终以罚款300元，扣12分，吊销驾驶执照的结局收场。

今天 08：06 来自电脑客户端

收藏 | 转发 210 | **评论 30** | 👍40

同时转发到我的微博 评论

全部 | 热门 | 认证用户 | 关注的人 共47条

交通安全微发布 V：警察叔叔表示，超速依然是交通事故致人死亡的“第一杀手”。扫一扫下面的二维码，再来看看由于超速引发的惊魂瞬间。再来请@老安 分享一下超速的具体危害。

1小时前 回复 |  4

阿娇：我去，同醉。相比而言，我只能炫颜值了。不过真心替他捏把汗，要是出点意外什么的，哪去买后悔药啊！

50分钟前 回复 | 👍

小童：楼上的那位，你这是在赤裸裸地炫自信啊。你那点颜值，还是留着自赏吧。我倒觉得大家值得炫的是守法行车、文明驾驶这些正能量。

42分钟前 回复 | 👍

老安：与速度相伴的往往不是电影里的激情。驾驶汽车如果过分追求速度，其实是本末倒置，安全才是驾驶的终极目标，不信你看，以下这些超速的危害：

1.影响驾驶人的视觉。超速行驶，使驾驶人的视野变窄，视力减弱，突发紧急情况时，难以及时、准确、妥善地进行处理，容易引发交通事故。

2.增加车辆的制动距离。车辆的制动距离主要受行车速度的制约，由于惯性作用，车速越快制动距离越长。超速行驶增加了制动距离，容易引发追尾或刮蹭事故。

3.影响车辆操作的稳定性。超速行驶会使车辆操作稳定性恶化，特别是在弯道行驶时，由于离心力的作用，容易使车辆向外侧滑或倾斜，如果在路面附着系数较小的道路上行驶，可能发生侧滑,引起撞车、撞岩或撞路边物体；如果在路面附着系数较大的道路上行驶，就可能造成翻车等交通事故。

4.造成驾驶员心理紧张，采取措施失当。驾驶员在超速行驶中，如果遇到突然意外的情况，心理就会产生极度紧张情绪，手足失措。慌乱之中，根本无暇冷静思考、准确判断，采取紧急措施往往是顾此失彼，交通事故在慌乱的瞬间就发生了。

5.都在码里。这个二维码你值得一扫。

38分钟前 回复 | 2

阿娇：确实值得一扫，实验很直观，画面很震撼，学习了！

35分钟前 回复 | 32

小童：超速实在太可怕。像我们这种新手，一般都会规规矩矩开车，但是有些时候还是会莫名其妙地超速，一张张的罚单真是让我没有一点点防备。

33分钟前 回复 | 4

老安：“被超速”多数时候是由于自己的疏忽大意所致，就拿高速公路来说吧，大家都知道高速公路执行60km/h~120km/h的限速标准。如果你认为在高速公路上开车速度控制在120km/h以内，肯定不会被罚，那么先数数钱包里的钱够不够交罚款吧。来看看主要道路的限速提示吧。

1.高速公路同方向三条车道从左到右限速依次为：110km/h—120km/h，

90km/h—110km/h，60km/h—90km/h。

2.高速公路弯道半径不达标、隧道群、行车视距不良等路段，高速公路管理部门会执行更低的限速标准。

3.没有道路中心线的道路，城市道路限速为30km/h，公路限速为40km/h；同方向只有1条机动车道的道路，城市道路限速为50km/h，公路限速为70km/h。

4.在进出非机动车道，通过铁路道口、急弯路、窄路、窄桥、掉头、转弯、下陡坡，遇雾、雨、雪、沙尘、冰雹，能见度在50m以内，在冰雪、泥泞的道路上和牵引发生故障的机动车时，最高行驶速度不得超过30km/h。

半小时前 回复 | 324

老安：这只是一般法定的限速标准，大家开车的时候要以各地公安和交管部门制定的限速标准来行驶，具体就是要留心注意道路上设置的限速标牌和路面施划的限速标线。

29分钟前 回复 | 11

大权：还需要提醒的是新驾驶人最好不要贴近最高限速值行驶，应该根据自己的驾驶经验选择安全车速，留足应急处置时间。另外，选择低速行驶时，请勿长时间占用高速行驶车道，以免影响后车通行。

26分钟前 回复 | 6

知识链接

控制汽车行驶速度的技巧

1.保持安全车速行驶。所谓安全车速就是道路交通法规中限定的车速。新驾驶人要从一进驾驶室就树立安全车速观念，提高遵守道路限速规定的自觉性，为了你的安全我们倡导"降速5km"——在道路上限定的车速基础上再降速5km。如高速公路上限速110km/h，减速5km就是105km/h行驶。以标定的限速为参考，降速5km行驶。

2.根据交通状况调整车速。在道路上行车，要根据道路情况适时地调整行车速度。当发现路面有障碍时，应及时采取减速措施，避免减速过急或紧急制动。

3.注意前车速度的变化。跟车行驶时，要与前车保持足够安全距离，注意观察前车的动态，随时做好减速准备。遇到前车制动时，应及时采取减速措施，始终与前车保持足以采取紧急制动的安全距离。

4.弯道行驶时应降低车速。遇到弯道时，应根据道路路面的类型、宽窄、弯度的大小、车型、装载及道路流量情况选择行驶速度。在进入弯道前，要将车速提前降低到安全范围，这个安全范围指能安全操作控制的车速，防止在弯道上因车速过快而导致离心力过大，造成侧翻。

5.下坡道行驶时应充分利用发动机的牵阻作用。汽车下坡时，应视坡度大小、长短、交通情况以及限速标志的规定控制车速。下陡而长的坡道时，应以发动机制动为主，以车轮制动器制动为辅来控制车速。

第四篇

各行其道，安全可靠

❹

违法占道行驶

阿娇

今天收到交警队发的提示短信，本宝宝整个人都不好了。我怎么可能违法占道行驶，我可是守法开车的楷模，文明驾驶的典范。

今天 09:45 来自 手机客户端

收藏 | 转发413 | **评论172** | 86

同时转发到我的微博 评论

全部 | 热门 | 认证用户 | 关注的人 共470条

小童：嗯……身为驾校“优秀学员”我都不敢这么自夸。违法了竟然还好意思在微博上晒，我是真心无法理解你呆萌的内心啊。还是先好好回忆下，到底是在哪里违的法吧。长点心吧！阿娇啊。

45分钟前 回复 | 1

大权：楼上的又开战了。违法占道行驶是一种容易被忽视的交通违法行为，我在论坛也经常看到网友发帖抱怨，一不留神就吃了罚单。**@交通安全微发布**求科普。

40分钟前 回复 | 1

交通安全微发布V：叔叔还是很乐意为大家科普交通安全知识的。欢迎大家积极@，多多评论。关于违法占道行驶的几种情形，叔叔已经为大家整理好了。请戳大图。

1.高速公路（城市快速路）违法占用应急车道行驶。

2.城市道路占用公交车道和非机动车道行驶。

3.遇有前方车辆排队等候或者缓慢行驶时，借道超车，穿插等候的车辆行驶。

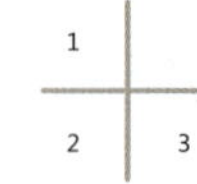

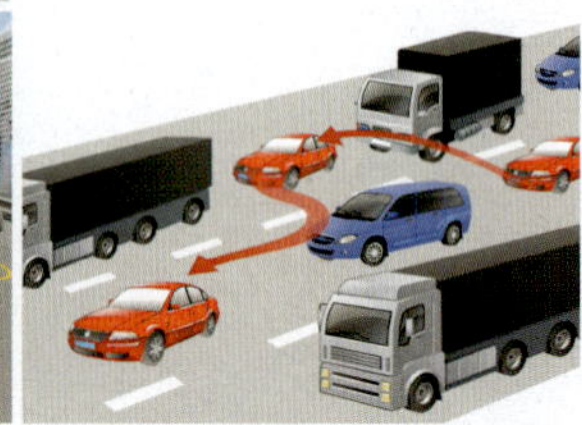

4.超车、转弯侵占对向车道行驶。
5.长时间轧分道线或道路中心虚线行驶等。
这些违法行为都是新驾驶人易犯的啊，各位要记住啦。

40分钟前 回复 | 11

阿娇：叔叔这么一说。我貌似回想起来我是怎么违法的啦。话说那天，我借道超车，加了个塞儿。求轻拍。

39分钟前 回复 | 23

老安：违法占道行驶危害也是很大的：首先严重地扰乱了道路交通秩序，直接影响着道路的畅通。开车过程中侵占对向车辆行驶路线，使会车横向距离变小，在市区道路上最容易发生刮碰事故。如果是在高速公路上，那就不敢想象咯。

35分钟前 回复 | 15

阿娇：安老师解释得好专业啊，有点不太懂，但是看到交通事故的字样，我就知道危害应该是很大的。以后可不敢再随意占道行驶了。不过，我一般都只是在市区开车，像第一条中占用应急车道的情况我应该是不会犯的。

29分钟前 回复 | 3

小童：楼上的杀手技能看来又升一级啊!应急车道不光是高速公路才有的设置，城市快速路也设有应急车道。这或许也是大家的一个认知误区吧。我自己整理了一些资料，大家可以看一下：应急车道，主要在高速路或城市快速路两侧施划，专供警车、消防车等执行紧急任务及其他紧急情况下使用，被称为“生命通道”。
占用应急车道的危害：
1.延误紧急救援。占用应急车道，致使救援等执行紧急任务的车辆受阻，无法及时到达现场处理事故、排险、疏导、抢救伤员，导致道路拥堵加剧，甚至造成伤员、病人因得不到及时救治而死亡的严重后果。
2.加剧道路拥堵。当前方发生交通事故或者遇到车多缓慢行驶时，部分驾驶人在应急车道和行车道内来回穿行、加塞，不断变线，干扰正常通行的交通流，增加了交通拥堵程度。

3.极易造成事故。部分车辆在高速公路上发生故障后，没有按规定打开报警闪光灯并在规定距离设置警示标志，而是直接将车停在应急车道上维修；部分驾驶人疲劳时将车随意停在应急车道休息。上述行为极易使同向车辆不明前方情况，导致事故发生。

4.形成负面示范。不按顺序排队行驶，占用应急车道，往往会产生极坏的负面示范效应，使遵规排队者因心理不平衡而产生效仿的念头和对抗举动，严重损害社会公平正义，破坏社会风气。

20分钟前　　回复 | 1

阿娇：人家知道了啦！各位亲，今年黄金周期间在高速公路上占用应急车道的违法行为，已经是全国人民共同声讨的行为啦！再给大家介绍介绍公交车专用道呗，让我见识一下你的博学。

15分钟前　　回复 | 50

小童：说到博学，那可是老安的代名词啊。**@老安** 劳您大驾给我们详细普及一下公交车专用道的相关知识。我经常不经意间就误入公交车道。

12分钟前　　回复 | 6

老安：公交车道是专门供公交车行驶的道路。在城市的道路设计，安排上本着公交优先的原则，所以公交车道一般都施划了标志标线用以提示广大机动车和非机动车驾驶人。重点说一下如何辨识公交车道吧，大家可要认真看哈，省下的罚款可以请我吃饭。呵呵。

1.标线和地面文字。公交专用道地面标线采用黄色震荡雨线，车辆驶过震荡线时会有明显连续震荡感，提醒驾驶人车辆已进入公交专用道，应立即驶离。

2.指示标志。与标线和地面文字相配合，在路段起点设置公交专用道指示标志，公交专用道指示标志可方便驾驶人在较远距离识别专用车道，提前变换车道。

3.网状线。为保持公交专用道的连续性，在较小路口和车辆需要跨越专用道的位置设置简化网格线，在网格线内车辆可跨越专用道。

4.临近允许转弯路口时，专用道标线提前闭合。在允许转弯的路口，公交专用道标线提前闭合，留出混行空间方便社会车辆转弯。

6分钟前　　回复 | 1

阿娇：有图有文，直观实用，谢谢老安的分享!以后认准标识，就不会迷迷糊糊地闯进公交车道了。在驾校的时候我就特别发愁各种交通标志标线的辨识，看到单黄线，双黄线，还有什么黄色虚实线，我是彻底败了。**@交通安全微发布**

5分钟前　　回复 | 3

交通安全微发布V：谢谢阿娇“@我”。你要是能够明白这几类道路中心线的含义，估计就不会吃上上面的罚单了。

《道路交通标志和标线》（GB 5768-2009）规定：道路中心线分为禁止跨越对向车行道分界线（也可称为禁止跨越道路中心线）和可跨越对向车行道分界线（也可称为可跨越道路中心线）。

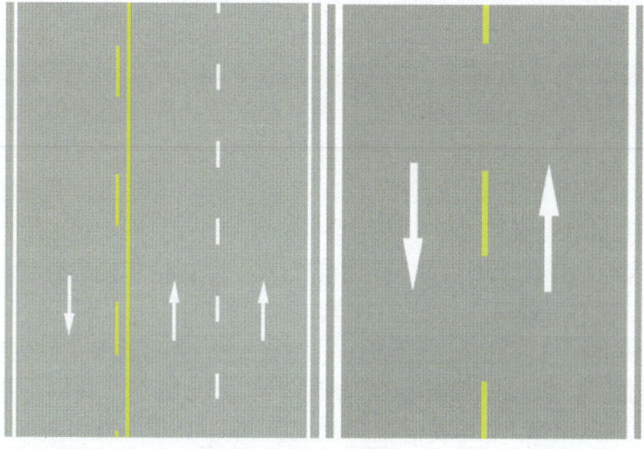

禁止跨越对向车行道分界线有双黄实线、黄色虚实线和单黄实线三种类

型。双黄实线和单实线严禁越线行驶。黄色虚实线的实线一侧禁止车辆越线或压线行驶，虚线一侧准许车辆暂时越线或转弯，越线行驶的车辆应避让正常行驶的车辆。黄色可跨越对向车行道分界线为黄色虚线，用于分隔对向行驶的交通流，车辆在保证安全的情况下，可以越线超车或转弯。

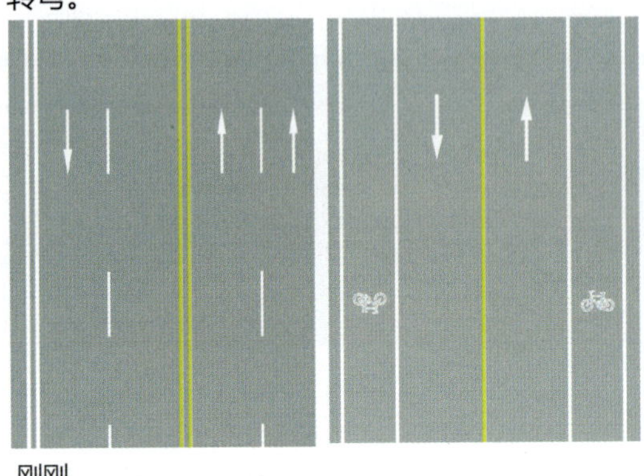

刚刚　　回复 | 35

知识链接

如何正确超车

1.超车前一定要先观察所要借用车道的状况，以及旁边车道的车辆行驶状况，还要观察所要超的车前面的车辆行驶状况。另外，在超车前也要观察前车是否要超越它前面的车，如果有，那么你要等前车超车完成后再实施超车。

2.为了要在尽量短的时间内获得较大的加速度则需要先降挡，然后再迅速踩下加速踏板加速。降挡提速的目的是因为低挡位时加速踏板响应速度快，以便快速提速。但是加速性能差的低排量小型车辆可不能这么做。

3.超车应该从左侧超过，提前开启左转向灯，变换使用远、近光灯或者鸣喇叭提示前车。在确认有充足的安全距离后，先加速向左并线，完成并线转向盘回正后加速直行至安全距离，开启右转向灯，并入原车道。超车时避免刚超过被超车辆，然后马上并回原车道，这样很容易与被超车辆发生碰撞。最好在回到原车道的同时，观察后视镜，如果在后视镜中看到所超车辆全部车身，那么此时回到原车道一定是安全的。尽量避免从右侧超车。

4.超车另一个注意事项就是在超越前方停在路边的车辆的时候一定要慢，以防止静止的前车突然打开车门，发生冲撞。

5.上坡的时候，特别是在接近坡顶的时候，最好不要超车，因为坡顶的阻挡，使我们看不见对面情况，造成视觉盲区，此时不应超车。此外，在铁路道口、交叉路口、窄桥、隧道、人行横道、市区交通流量大的路段等没有超车条件的路段不要超车。

第五篇

司机一滴酒，亲人两行泪

❺

酒后驾驶

大权

吃得苦中苦，方能开路虎。酒后开路虎，如驾歼十五。现实中的酒后飞车族！@阿娇@小童@老安

【猛！某市东三环路虎飞下桥面　砸中桥下轿车】凌晨0点左右，一辆白色路虎越野车飞行而过，一声巨大的撞击声，路虎冲出桥栏杆从国贸桥二层坠落，砸到正常行驶的一辆银色轿车后部。路虎车司机李某头部、肋骨受伤，已被送往医院。据现场人士说，李某被救出时，一身酒气。

今天 17:23来自 电脑客户端

收藏 | 转发877 | **评论629** | 22

同时转发到我的微博　评论

全部 | 热门 | 认证用户 | 关注的人　共320条

阿娇：这是电影大片中才会有的镜头，路虎司机肯定是《速度与激情》看多了。

20分钟前　回复 | 33

小童：酒壮人胆，喝了酒什么事都干的出来，能做出这么恐怖的举动来，我和我的小伙伴们都惊呆了，酒驾危害太大！

18分钟前　回复 | 7

老安：@小童说得对。通常，人在饮酒后会出现自制力降低、视力下降、视野变窄、触觉麻木、注意力不集中、身体平衡感减弱等状况，无法准确判断车速、车距和交通信号，在操纵制动踏板、加速踏板、离合器踏板时动作迟缓，极容易引发恶性事故。酒后驾车直接威胁着驾驶人、车内乘客、其他车辆以及路边行人的安全。路虎司机没有生命危险是不幸中的万幸，但等待他的将是法律的严惩。

11分钟前　回复 | 5

大权

为看世界杯，汽车都被他开成“风火轮”了，也真是蛮拼的。@阿娇@小童@老安

【为看世界杯　酒驾车胎被扎坚持行驶】凌晨1点，一驾驶人酒后驾车，途中轮胎被扎，为急着赶回家看世界杯，竟然硬着头皮往家开，导致两轮胎只剩轮毂，与地面不时摩擦出阵阵火花。被正在巡逻的交警拦下，经查，该驾驶人酒精含量为167mg/100ml，已被刑拘。

今天 08：35 来自电脑客户端

收藏 | 转发 187 | **评论 512** | 67

同时转发到我的微博　评论

全部 | 热门 | 认证用户 | 关注的人　共2120条

阿娇：不就是看场球，至于嘛！还好没出什么事故，但也太惊心动魄了！

38分钟前　回复 | 8

小童：@阿娇，球迷的世界外人怎能读懂。不过为看一场球，这代价着实太大了，世界如此美妙，你却如此暴躁。拘留期间估计是没法看球了，好好学习下交通安全知识也不错，安全第一。

36分钟前　回复 | 3

老安：考考各位是酒驾，还是醉驾？@阿娇@小童@老安根据《车辆驾驶人员血液、呼气酒精含量阈值与检验》（GB 19522—2010），饮酒驾车是指驾驶人血液中的酒精含量大于或者等于20mg/100ml，小于80mg/100ml的驾驶行为；醉酒驾车是指驾驶人血液中的酒精含量大于或者等于80mg/100ml的驾驶行为。醉酒驾车不仅违犯了《道路交通安全法》，还触犯了《刑法》，该驾驶人体内酒精含量比醉驾标准的2倍还要多，将以危险驾驶罪论处。

28分钟前　回复 | 2

交通安全微发布V：《道路交通安全法》第九十一条规定，“饮酒后驾驶机动车的，处暂扣六个月机动车驾驶证，并处一千元以上二千元以下罚款。”醉驾比酒驾危害性更大，已经作为危险驾驶罪写入《刑法》，相应处罚更加严厉。醉酒驾驶机动车的，除吊销机动车驾驶证外，还要依法追究刑事责任，且五年内不得重新取得机动车驾驶证。更严重的，如果饮酒后或者醉酒驾驶机动车发生重大交通事故，构成犯罪的，要依法追究刑事责任，并由公安机关交通管理部门吊销机动车驾驶证，终生不得重新取得机动车驾驶证。

20分钟前　　回复 | 4

大权

酒驾认定标准”不看时间，看体内的酒精含量“，又一法盲。再来三个大家都在争议的故事@阿娇@小童@老安

【男子隔夜酒 坚信没酒驾】”来吧，我没喝酒，测试不出什么来的。某市。驾驶人穆某在接受交警呼气式酒精测试时自信地说道，测试结果一出，酒精含量25mg/100ml，穆某傻了眼：”我是昨天晚上喝的酒啊，睡了一晚上怎么还有事？“

14：06来自电脑客户端

收藏 | 转发937 | **评论623** | 123

同时转发到我的微博　　评论

全部 | 热门 | 认证用户 | 关注的人　　共220条

阿娇：老婆说“吃饭要少喝酒多吃菜”，不听老婆的话，出事了活该。

2小时前　　回复 | 6

小童：这是隔夜酒在作祟。警察叔叔不会冤枉好人的。

1小时前　　回复 | 5

老安：该司机属典型隔夜酒驾驶，生理上没有什么反应了，就完全忽略了酒精还存在体内的事实。酒精在人体内的代谢速率是有限度的，一般每小时仅能代谢10克至15克。而且，每个人的体质不一样，对酒精的代谢速度也不一样，即使同一个人在不同时间或不同环境下的酒精代谢速度也是不一样的。稳妥的办法是饮酒后过24小时再开车。实在碰到需要喝酒的情况，现在叫个代驾也挺方便的。为了自己和家人，切莫贪杯。喜欢就是放肆，但爱就是克制。

1小时前　　回复 | 7

大权

第二个故事：我有一朋友，喝酒之后去车上取东西，车在酒店门外停车位上。由于后面有一辆车挨得太近，后备箱打不开，他就上车往前开了一米，恰好当时有交警在酒店门口查车，被发现了。是不是酒驾，亲们你怎么看？@阿娇@小童@老安

16：22 来自电脑客户端

收藏 | 转发 43 | **评论 323** | 12

同时转发到我的微博 评论

全部 | 热门 | 认证用户 | 关注的人 共332条

阿娇：我觉得不是酒驾，这位朋友又没有开车上路，而且只开了一米，不能算是“驾驶”行为，只是酒后挪车。

12分钟前 回复 | 4

小童：我认为可以按酒驾处理，酒后移动车辆同样有潜在的危险，比如说，因酒精作用，误把油门当成了刹车，那就不仅仅是前进一米的事了。还是请@老安给我们解答下吧。

10分钟前 回复 | 5

老安：酒后挪车也算酒驾行为。在交警的实际执勤中，只要将车驶离原位，车辆发生了相对位移，就认定发生了驾驶行为。

可能很多人觉得这没有人情味，但是一旦发生意外，同样会造成严重后果。为了保护更多人的生命和财产安全，公安交管部门将这种行为认定为“酒后驾驶”是合理的。

5分钟前 回复 | 7

大权

躺着也中枪。你“被酒驾”过吗？开车时“被酒驾”了，该怎么办？

@阿娇@小童@老安

【女司机酒驾？竟系用漱口水漱口所致】近日，一名女司机被民警拦停进行酒驾检测，测得结果2 0 m g / 100ml，已达到酒后驾驶标准，女司机解释称是因为出门之前用漱口水漱了口，经过民警的一再检测，确认了女司机的说法。

18：35来自电脑客户端

收藏 | 转发426 | **评论223** | 32

同时转发到我的微博 评论

全部 | 热门 | 认证用户 | 关注的人　　共302条

阿娇：作为一名吃货，我只知道醉蟹、蛋黄派、提拉米苏、荔枝、榴莲、酸梅汤会检测出酒精，没想到漱口水中也含有酒精啊，以后可得小心了。

10分钟前　　回复 | 12

小童：楼上那位就知道吃，其实一些药品配方中也含有酒精。藿香正气水、正骨水、消咳喘糖浆等。

8分钟前　　回复 | 6

老安：以上提到的这些食品，药品使用不当，可能会“被酒驾”。目前常见的可能引发“被酒驾”的主要有以下几类：烹调过程中加料酒的菜肴，如醉蟹、啤酒鸭等。含糖量高的水果因储存不当也会发酵产生酒精，还有些人为发酵的食品，如豆腐乳、格瓦斯等。一些药品、注射液也含有乙醇，比如氢化可的松注射液等，通常会在使用说明书中有标注。如果因为刚吃过含有酒精的食品或药品，只要跟执勤民警说明情况，10分钟后再检测就不会测出有酒精了。当然，民警查处酒驾时除了使用呼气式酒精检测仪外，对有酒驾嫌疑的驾驶人还可以采取更为精确的抽血检验。与大家共勉：为了你和大家的安全和幸福，酒后不开车，开车不喝酒。

1分钟前　　回复 | 4

知识链接

酒后对驾驶有什么影响

1.感知觉降低。酒后驾驶，会使感知觉降低、判断失误、驾驶动作不协调、手脚僵硬迟钝。试验表明血液中酒精浓度达到0.94%时，判断力降低25%。

2.危害大脑记忆。酒精对人体的麻醉作用重点是影响大脑，导致记忆障碍和记忆能力下降，在驾驶中产生速度错觉和车距错觉。试验数据和交通事故案例分析表明：酒后凭自己主观感觉减速至某设定的车速，比实际车速偏低。

3.酒后情绪多变，注意力不集中。酒精的作用会使人心脏收缩频率加快，有时还产生幻觉。酒后驾驶主要表现一种是亢奋，一种是消极，具体表现为失态、健忘，对周围情况不能做出正确的判断，自控能力极低，注意力不能合理分配，影响对多变的道路交通动态的观察，对安全行车极为不利。

第六篇

生命无返程，切莫逆向行

⑥

逆向行驶

大权

转发一条小幽默，供大家开心一笑。大家在乐呵的同时，不妨留意下货车司机有哪几项严重的违法行为，有则改之，无则加勉。**@阿娇@小童@老安**

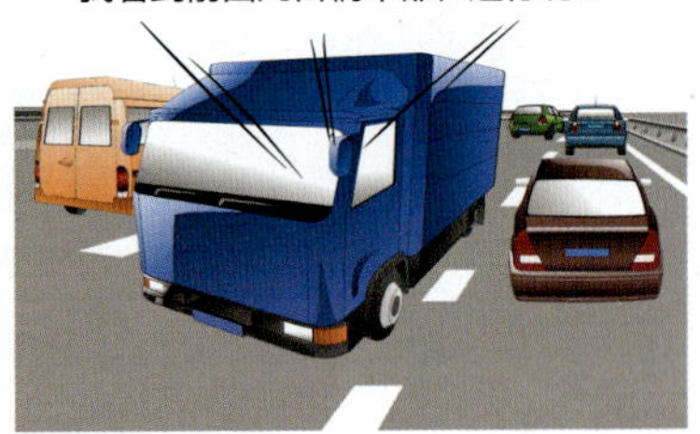

今天 09:45 来自 电脑客户端

收藏 | 转发456 | **评论70** | 110

同时转发到我的微博　　评论

全部 | 热门 | 认证用户 | 关注的人　　共57条

阿娇：刚才还打瞌睡，瞬间精神抖擞，这个货车司机水平也太低了，太鲁莽了吧，高速公路逆行，竟然还敢接电话。自嘲的说：他才是杀手中的杀手。

59分钟前　　回复 | 2

小童：真是刮目相看了。楼上的竟然一眼看出了货车司机所有的违法行为，这次还真得给你点赞了。要是货车司机曾经看过下面的场景，我相信他永远不会逆向行驶。扫码看图吧！

55分钟前

回复 | 111

老安：码已扫，魂已丢。每张图都惊起一身冷汗。新驾驶人在开车时，在城市里和高速公路上逆向行驶的违法行为和由此而引发的交通事故也是突出的。高速公路逆向行驶危险性极大是源于高速公路单向流动的快速性。高速公路在出口和入口，分道和引道都有标志标线。不少新驾驶人发现逆行车辆后便已经来不及采取应急措施。还有另一种情形是不注意观察出口标志牌，错过了出口，发现后已开出一两公里远，要到下一个出口又远，所以选择逆行。在正常行驶中的驾驶人根本不会想到车辆逆行这样的极端情况。这也就更加剧了驾驶人遇到类似情况时的慌乱情绪，从而影响了应对紧急情况的判断和处理。根据这3年的统计，新驾驶人逆向行驶造成伤亡的交通事故在300起左右。更加详细的高速公路安全行车提示我只能@交通安全微发布了。

48分钟前

回复 | 21

交通安全微发布V：先要提示的是驾驶人在实习期内驾驶机动车进入高速公路行驶，应当由持相应或者更高准驾车型驾驶证3年以上的驾驶人陪同。法律这样规定是因为驾驶人在实习期期间，因驾驶经验不足，特别是在高速公路上，车速快，路况变化多，车流又大，很容易一个小失误就会造成严重的交通事故。所以规定有经验的驾驶人陪同，是确保新驾驶人安全驾驶和学习在高速公路上驾驶的最好办法。下面来为大家介绍高速公路行车安全提示。

1.提前熟悉路线，了解路口信息，不能过分依赖导航。

2.集中精神，密切留意路牌信息，出口前2km会有路牌提示。

3.错过出口，只能继续向前。从下一个出口掉头，绝对不能停车、倒车、逆行！

4.经过匝道口时，小心“徘徊者”。留足应对紧急情况的空间。

1 2
3 4

47分钟前 回复 | 22

小童：这个提示太及时了。我正计划着和我的爱车去高速公路合法低空飞行呢。**@老安**求陪同。

46分钟前 回复 | 5

老安：陪你上高速没有问题啊。我先考考你既然知道了高速公路逆向行驶的巨大危害，那城市道路逆行的危害你知道多少呢？

37分钟前 回复 | 8

小童：城市道路逆行的情况就比较少了吧，除了少数的单行道可能存在逆行的违法行为，还有其他情形吗？我读书少，求不骗。

33分钟前 回复 | 1

老安：城市道路逆向行驶是新驾驶人比较常见的违法行为，而且是不太注意却容易触犯的。比如下面的几种情形，以后可要注意了。

容易忽略的城市道路逆向行驶具体情形:

1.占对向车道超车机动车逆向行驶。

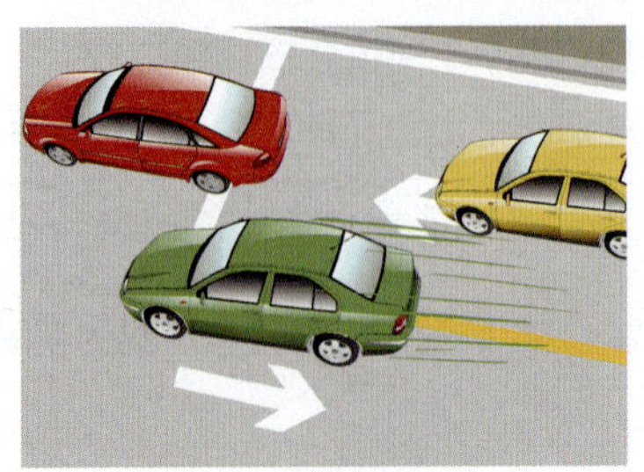

2.过转弯路口时机动车路口逆向行驶。

3.没有注意单行道机动车逆向行驶。

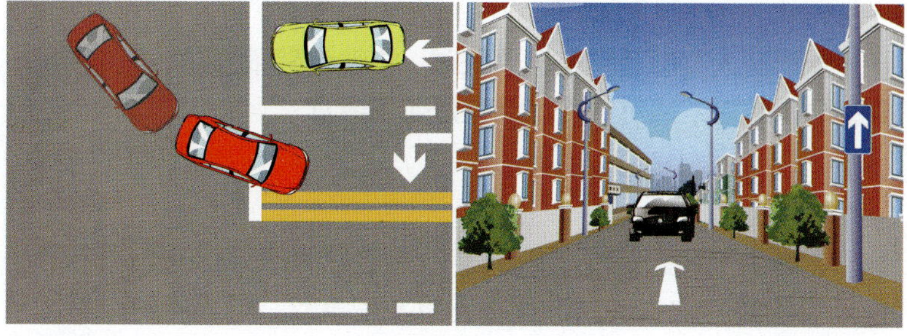

28分钟前　　回复

知识链接

城市单行线怎么行驶

1.分路段禁行。禁行路段一般都设有明确的指示牌，驾驶人一定要注意观察，尤其是在医院、学校、政府部门等区域行驶的时候，更要留心是否有交管部门施划的单行线。单行线都是有明确的禁行路段，并不是所有的单行线都是一直延续下去，一定要看仔细了。

2.分时段禁行。有的单行线不是全天单行的，按照交通流量特点，辖区交管部门会设置禁行时段，并在交通指示牌上清晰标明，提醒驾驶人要在正确的时间走在正确的路上。

3.及时回头就是好孩子。如果意识到误闯了单行线，应该在确保安全和不影响其他车辆通行的情况下尽快停车，掉头，朝着正确的方向行驶。注意观察其他同行车辆和路标。

交通事故应急处理秘笈

新驾驶人突然遇到交通事故时，往往会慌慌张张，不知所措。为此，遇到交通事故时，应沉着冷静地做好如下事宜：

一、一般轻微事故

1.心平气和。发生事故时要提醒自己保持平和的心态，即使是对方的责任也不要冲动，毕竟谁都不愿意发生事故，恶言相对或是出手伤人最终对人对己都不是什么好事，还有可能会让事件恶化。

2.安全第一。及时打开“双闪”，并尽快放置三角警示牌，警示后车，防止发生二次事故。一般的道路上，司机应该在来车方向50米以外设置警示牌；在高速路上应该在150米外设置警示牌；特别注意一些特殊情况，比如说，下雨天或在拐弯处，一定要在150米外放置警示牌，这样才能让后方的车辆及早发现，夜间发生事故，摆放警示牌尤为重要。

3.留存证据。尽快对事故现场进行拍摄留存证据，应该拍摄当时车辆的相对位置和与相关交通标志的相对位置，一般来说拍摄前、后、侧三个角度即可，需要注意的是保证有一张照片拍清楚两车车牌号，防止另外的车主逃逸或日后联系不上。拍摄时应注意交通安全，避免二次事故。

4.划分责任。拍摄后迅速将车辆移至路边进行责任划分，避免影响其他车辆通行。如果意见相同，填写一式两份的《交通事故快速处理单》，填写清楚姓名、身份证号、车牌号、电话以及事故责任划分等信息后，有责方最好当场报案，因为保险公司一般会对对方车辆情况做简单了解。如果在责任划分上双方存在分歧，可拨打122报警，让交警来进行责任认定。认定责任后，依然是有责方应尽快向保险公司报案。《交通事故快速处理单》可在在当地交管部门网站下载。

二、伤亡或较大损失事故

1.马上停车。拉紧驻车制动，切断电源，并打开紧急灯、示宽灯、尾灯让其闪亮。立即记下对方的车牌号，以防对方逃逸。

2.及时报案。遇有伤亡和较大损失，应立即拨打122或110报警，详细报告发生事故的时间、地点、肇事车辆及伤亡情况。如果是轻微交通事故，按照当地有关规定，双方认为可以自行解决的事故，应把车辆移至不妨碍交通的地点后，双方协商处理，并及时通知保险公司。

3.发出警示。保护好现场，向其他车辆发出警告，亮起危险警告灯。若在高速公路上，则在来车方向150m以外摆放三角形警告牌，防止二次事故发生。

4.护理伤者。切勿移动受伤者，应立即拨打120急救电话，设法送医院抢救治疗。

5.保护现场。在警察到来之前要保护好现场，不得擅自移动现场的任何车辆和物品。除非因抢救伤者和财产需要移动时，应当标明位置。在警察查完现场后，一定要求提供事故报告及该警员的名字、编号及电话号码。车上安装有行车记录仪的，要保存好相关的影像资料，方便需要时调阅。

6.严防二次事故的发生。发生事故后，警察未到达现场，要主动做好现场的安全观察，以免其他车辆再次碰撞，对油箱破裂或燃油溢出的情况要严禁烟火，以免造成火灾，扩大事故后果。